ロボットワークシート

ロボットを しょうかいしよう

わたしは、

というロボットを
しょうかいします。

なまえ

このロボットは、

（なにをしてくれるかな？）

くれる
ロボットです。

※コピーしてつかうことができます。つかいかたは、この本のさいごにあります。

ロボット

大図鑑
だいずかん

どんなときにたすけてくれるかな？

4 そとでしごとをする
ロボット

監修　佐藤知正

ポプラ社

もくじ

この本の見かた

ロボットの名前

ロボットをつくった会社

ロボットを開発した国、大きさ
などの情報が書かれている。

● 開発国…共同で開発した場合は
　ふたつ以上の国名がならびます。
● 開発年…ロボットを開発した年
● 発売年…ロボットを発売した年
ロボットによって情報の種類がかわります。

ロボットのおもなはたらきをわ
かりやすくしょうかいしている。

ロボットの「できること」
がわかる。

QR コードをタブレットやスマートフォンで
読みとると、ロボットの会社がつくった映像
を見ることができる。

＊一部 YouTube の映像があるため、えつらん制限がかかっているタブレットやスマー
　トフォンでは見られないことがあります。この本の QR コードから見られる映像はお
　知らせなく、内容をかえたりサービスをおえたりすることがあります。
＊一部映像のないページもあります。

ロボットのどこにどんなはたらきが
あるかがわかる。

これは
すごい！ ロボットのすごいところが
わかるよ。

※この本の情報は、2024年1月現在のものです。

はじめに

　この巻では、そとでしごとをして、わたしたちの生活をささえている、農業、林業、水産業と建設業でかつやくしているロボットをしょうかいしています。

　これらのしごとは、そとで自然をあいてにするしごとや、重いものをあつかう、きけんでたいへんなしごとが多くあります。そのため、やってみたいと思う若い人がへって、はたらく人がほとんどいなくなってしまうと心配されています。

　このような世の中の問題に、うまくこたえをだすために、いま、ロボットが注目されています。きけんでたいへんなしごとを、人のかわりにロボットがやってくれる、という考えです。

　この巻を読むとき、自分だったら、どのしごとの、どんな作業をロボットにやってもらい、世の中をよりよくしたいかを考え、それをメモしながら、読んでみてください。

東京大学名誉教授

佐藤知正

若い力がたりない！

食べものも建物も、このままじゃたいへんだ！

農業

農家のしごと。

林業
森や林にかかわるしごと。

建設業
建物をたてるしごと。

水産業
魚や貝などに
かかわるしごと。

そとでしごとをする

この巻では、食や住をささえているロボットたちが登場します。これまで、多くを人の経験や作業にたよっていた、農業、林業、水産業、建設業のしごと場でも、すでにロボットたちがかつやくしています。

30ページ

32ページ

33ページ

34ページ

38ページ

40ページ

42ページ

44ページ

ロボットたち

26ページ

28ページ

8ページ

10ページ

16ページ

18ページ

20ページ

12ページ

14ページ

24ページ

そとで
しごとをする
ロボットを
見てみよう

ROBO データ

さなえPRJ8

[井関農機]

開発国	日本
発売年	2022年
高さ	266cm
長さ	331cm
幅	225cm

このロボットがあれば…

田植えになれていない人でも、じょうずに田植えができるよ。

田んぼの形をおぼえて自動でなえを植える
田植えロボット

　田植えロボットは、人のかわりにひとりで田植えをしてくれるロボットです。田植えは、イネのなえを田んぼに植える作業です。田植え機という機械をつかってすることが多いのですが、なえをまっすぐにならべて植えなければならないため、田植えになれた人がずっと田植え機にのり、集中して作業しなければなりません。

　この田植えロボットをつかえば、田植えになれていない人でもじょうずになえを、まっすぐ植えることができます。

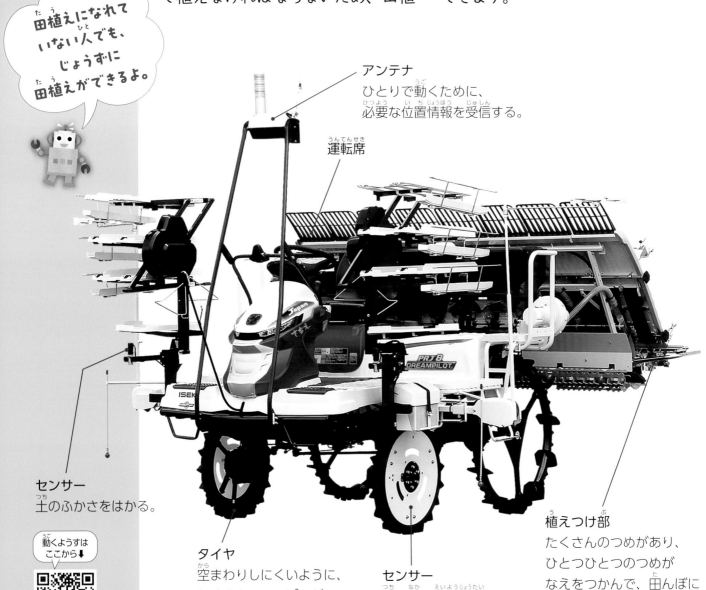

アンテナ
ひとりで動くために、必要な位置情報を受信する。

運転席

センサー
土のふかさをはかる。

タイヤ
空まわりしにくいように、たくさんのでっぱりがついている。

センサー
土の中の栄養状態をはかる。

植えつけ部
たくさんのつめがあり、ひとつひとつのつめがなえをつかんで、田んぼにふかく植えつける。

動くようすはここから↓

田んぼの形をおぼえる！

はじめに人がロボットを運転して、田んぼのふちの田植えをします。すると、田植えロボットは、田んぼの形をおぼえて、そのあとはひとりで田植えをはじめます。人は遠くから、ロボットのはたらくようすを見ながら、作業のはやさをかえたり、なえをたしてまたスタートさせたり、リモコンで指示をだすだけです。

▲リモコンは、カラーの画面でとても見やすい。300mはなれたところからでもそうさできる。

ひとりで正確になえを植える

田植えは、ぬかるんでいる田んぼに、まっすぐになえを植えなければなりません。そのため、いままでの機械では田植えになれていないと、うまくつかえませんでした。しかし、このロボットは、でこぼこな田んぼの中でも、自動でまっすぐすすむため、田植えになれていない人でも、じょうずに作業することができます。

▲どろがふかくてすすみにくい場所でも、4つのタイヤが動くため、力強く前にすすむことができる。

これはすごい！ 自動でちょうどよい量の肥料を、土にまぜこむ

ロボットは、超音波をつかって車体のしずみこむふかさをはかることで、田んぼの土のふかさがわかります。そして左右のタイヤのあいだに電気をながして、その土の中の栄養状態をはかります。

これらのデータからロボットは、イネをいためないように、ちょうどよい量の肥料を自動でまいていきます。

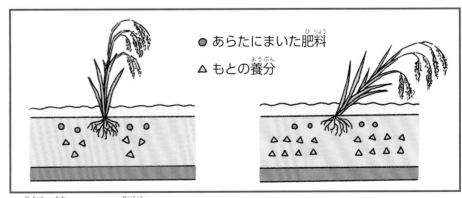

● あらたにまいた肥料
△ もとの養分

▲肥料が多すぎると、成長しすぎてイネがたおれてしまうため、ちょうどよい量の肥料をあたえなければならない。

ＲＯＢＯ データ

パディッチ
［笑農和］

開発国	日本
発売年	2017年
高さ	78cm
幅	約22cm
奥行	約18cm
重さ	約9kg

ひとりで田んぼの水の量を管理できる
水田水管理ロボット

水田水管理ロボットは、AI（人工知能*）をつかって、べつの場所から田んぼの水の量や温度を管理できるロボットです。田んぼには水がはってあり、イネの成長によって細かく水の量や温度を管理しないと、米のとれる量がへったり、味がおちたりしてしまいます。そのため、人が1日に何回も田んぼに行って、その水を管理しなくてはなりません。

しかし、このロボットがあれば、どこにいても水の量や温度を管理でき、少ない手間でおいしい米をつくることができます。

＊人工知能：自分で学習して、自動的にかしこくなるコンピュータ。

このロボットがあれば…

田んぼで水を管理する時間がとてもみじかくなるよ。

水門
あけたりとじたりすることで、田んぼに水を入れたり、止めたりする。

シャフト
電気の力でまわって、水門を動かす。

動くようすはここから↓

なにができるの？

なにができるよ！

スマートフォンなどで、水門のあけしめができる

いままでは、朝早い時間や夜おそい時間に、人の手で水門をあけしめしていましたが、そのたいへんな作業が、手もとのスマートフォンやタブレット、タイマーをつかってできます。

さらに、田んぼにおいたセンサーをつかって、ロボットが自動で、水門をあけしめすることもできます。

たいへん！

▲田んぼに行って、手作業で水門をあけしめする。

ロボットがあれば…

らくらく！

▲タブレットをつかってべつの場所から水門をあけしめできる。

これができるよ！

手もとで水の量や温度がわかる

スマートフォンやパソコンで、はなれた田んぼの水の量や温度が正確にわかるので、なにか急なトラブルがおきても、手がるに対応できます。

詳細へ

2023/12/19 13:58 padltch本体のドアが開いています

20231106padltch gate
PB0240
端末情報｜指示履歴

#一括設定　#コシヒカリ

0.4cm 水位 16日前 ｜ 23.1℃ 水温 16日前 ｜ 開 水門型 16日前

▲人がねている時間も田んぼを見はり、トラブルがおきたら知らせてくれる。写真はアプリの画面。

これはすごい！

太陽エネルギーで電池交換もなし！

水田水管理ロボットは乾電池で動きますが、ロボット用の「ソーラーバッテリーパック」をとりつけると、太陽のエネルギーをつかってロボットを動かすことができます。たくさんロボットをおいている広い田んぼでは、電池交換の作業がなくなり、らくになります。

▲ソーラーバッテリーパックをつけた田んぼのようす。

田んぼの雑草の成長をおさえる
水田雑草抑草ロボット

ROBO データ

アイガモロボ
[有機米デザイン
／東京農工大学
／TDK]

開発国	日本
発売年	2023年
高さ	40cm
長さ（奥行）	130cm
幅	90cm
重さ	約17kg

水田雑草抑草ロボットは、田んぼの水をにごらせて、雑草を育ちにくくするロボットです。雑草が成長するとイネの育ちがわるくなるため、すぐにぬかなければなりません。しかし、雑草は、ぬいても太陽の光を受けてすぐに成長するため、ぬく作業はきりがなく、とてもたいへんです。

このロボットをつかうと、田んぼの中をロボットが動いて水をにごらせるので、生えた雑草が太陽の光を受けにくくなり、成長をおさえることができます。そのため人が雑草をぬく作業を、へらすことができるのです。

このロボットがあれば…

雑草をぬく手間がなくなって、米づくりがらくになるよ！

動くようすはここから↓

太陽光パネル
太陽の光から電気をつくるそうち。
つくった電気はバッテリーにため、
その電気で動く。

フロート
空気が入っているため、
田んぼの上にうかぶ。

スクリュー
本体の下についている。
まわることで水をかきまぜ、
土で水をにごらせる。

これができるよ！

田んぼの水をにごらせて、雑草を生やさない

ロボットは、下についているスクリューで、田んぼの水をかきまわして、土で水をにごらせます。水がにごると雑草が受ける太陽の光がへって、育ちにくくなります。

また、かきまぜた土が田んぼのそこにたまるので、雑草のタネもいっしょに土にうまって、めがでにくくなります。

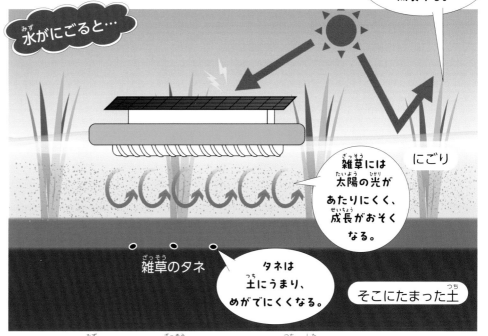

イネには太陽の光があたるため、成長する。

水がにごると…

雑草には太陽の光があたりにくく、成長がおそくなる。

にごり

雑草のタネ

タネは土にうまり、めがでにくくなる。

そこにたまった土

▲スクリューで水をにごらせ、雑草のタネをやわらかい土の下にうめる。

これができるよ！

田んぼの形を教えると、ロボットが自動ですみずみまですすむ

ロボットはGPS※で自分がいる場所を確認しながら、形を教えられた田んぼの上で作業するルートを、自動できめて動いていきます。

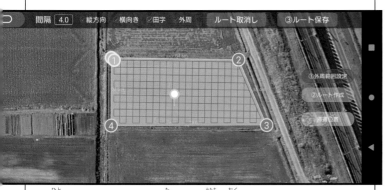

間隔 4.0　縦方向　横向き　田字　外周　ルート取消し　③ルート保存

①外周範囲設定
②ルート作成

①
②
④
③

▲人ははじめにアプリで田んぼの形を送るだけで、あとはロボットが自動的に動きまわる。写真はアプリの画面。

これはすごい！

なえのあいだの雑草もかくじつにふせぐ

イネを育てるときに、田んぼに生えた雑草を食べてくれるアイガモという水鳥をつかうことがあります。ただ、アイガモは、雑草をすみずみまで食べてはくれません。しかし、このロボットは、水の上をとくべつな形のスクリューをつかって動きまわるので、いままでふせぎにくかったなえのあいだも、雑草をふせぐことができます。

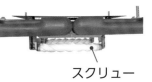

スクリュー

▲ロボットをよこから見たようす。スクリューは、ねじのようにねじれた形なので、なえをいためない。

▲田んぼにいるアイガモ。

※GPS：宇宙にうかぶ人工衛星をつかって、場所を知る機能。

ROBO データ

スマモ

[ササキ
コーポレーション]

開発国　日本
発売年　2020年
高さ　　約40cm
長さ　　約137cm
幅　　　約86cm
重さ　　約129kg

田んぼのあぜ道の草をかる
あぜ道草かりロボット

あぜ道草かりロボットは、遠くにいる人が動かすことで、田んぼのあぜ道の草かりをしてくれるロボットです。あぜ道は、ほうっておくとすぐに雑草が生えてしまうため、草かりがかかせません。しかし草かりは、長い時間こしを曲げて作業をしなければならないため、とてもつかれます。また人が手で動かす草かり機は、カッターが石をはねとばすこともありきけんです。このロボットをつかえば、きけんでたいへんな草かりを、人の手よりもはやく安全におこなえます。

このロボットがあれば…

時間をかけずに、田んぼのあぜ道の草をかれるよ！

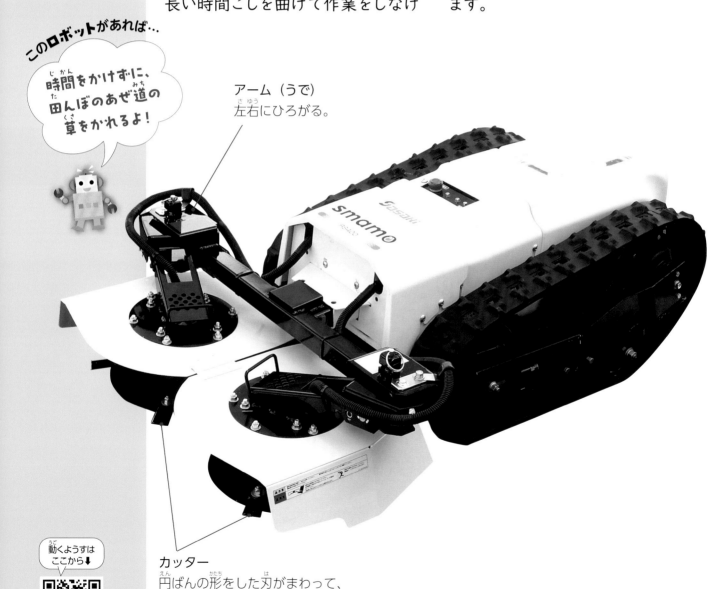

アーム（うで）
左右にひろがる。

動くようすは
ここから↓

カッター
円ばんの形をした刃がまわって、
あぜ道の草をかる。

いろいろな幅や角度の道でも、すばやく草をかれる

ロボットのアームが広がるため、いろいろな幅のあぜ道で、草をかることができます。

また、アームのかたむきをかえられるため、ななめにかたむいている場所の草も、人よりずっとはやくかってくれます。

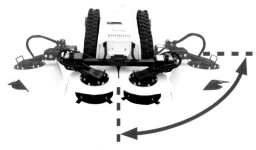

▲幅は３段階で調節できる。

▼かたむきは、自由にかえることができる。

遠くはなれていても、動かせる

あぜ道草かりロボットは、障害物のないまっすぐなあぜ道だと、ロボットだけで走ることができます。人は、はなれたところから、リモコンについている大きなモニターを見て、安全に動かすことができます。

◀▲約160mはなれたところからでも、そうじゅうできる。

どんな場所の草もかる！

ロボット本体の先にとりつけてある、カッターをとりかえることで、田んぼのあぜ道だけでなく、せまいところの草かりや、木のまわりなど、人の手では草かりがしにくいところでも、かんたんに草だけをかりとることができます。

▶草かり用の部品にとりかえて作業すると、木のまわりでも木にきずをつけず草をかりとれる。

ROBO データ

ピーマン自動収穫
ロボット
エル
[アグリスト]

開発国　日本
発売年　2022年
高さ　　約123cm
奥行　　約108cm
幅　　　約28cm
重さ　　約19kg

成長したやさいを見わけて収穫
ピーマン収穫ロボット

ピーマン収穫ロボットは、ピーマンを自動でとりいれてくれるロボットです。ビニールハウスの上にはられたワイヤーをつかって移動し、じゅうぶんに成長したピーマンだけを、1分間に1個、1日に8時間動かすと約480個とりいれてくれます。

人がはなれた場所にいても、手間のかかる収穫作業をしてくれるため、農場ではたらく人が少なくても、ピーマンをすばやくとりいれることができます。

このロボットがあれば…

夜でもひとりで
収穫してくれるよ。

ワイヤー
ロボットが、
ロープウェイのように
ぶらさがって、
ビニールハウスの中を
動く。

カメラ
収穫用と、より広いはんいをうつすたんさく用の2台がある。

収穫ボックス
とりいれたピーマンを入れるケース。

動くようすは
ここから➡

これができるよ！

成長したピーマンの実を見わける

ロボットのAI（人工知能*）が、カメラでうつした見わけにくいみどりの葉とピーマンの実を区別して、ピーマンの実がどこになっているか、ひとつのこらず見つけます。ピーマンの実の位置や大きさなどを記録して、どのくらいで収穫できる大きさになるかも予想します。

▶カメラでうつした映像。ピーマンの実だけ、わくでかこまれている。

これができるよ！

くきを2回切ってていねいに収穫する

ロボットはまず、ピーマンの実にはふれずに、くきをつかんで枝から切りはなします。そしてくきをつかんだまま、ピーマンの実を収穫ボックスの上まで移動させて、もういちどくきをみじかく切って、ボックスに入れます。

2回切るしくみ

① ハンド（手）の先でピーマンの実を枝から切りはなす。

② ピーマンの実にのこったくきをつかんだまま、ハンドの根もとにある収穫ボックスの上まで移動する。

③ 収穫ボックスの上にきたら、もういちど実にのこったくきを切り、収穫ボックスにおとす。

これはすごい！

かごに入れる作業もおまかせ

ピーマンの実をあつめて、収穫ボックスがいっぱいになったら、ロボットはかごがある場所までひとりで移動し、収穫ボックスの中のピーマンを自動でかごにうつしかえます。

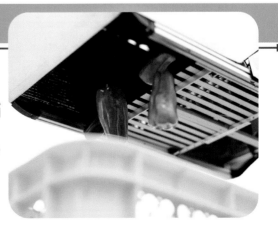

▶ロボットは、1回の充電で約8時間、ピーマンを収穫しつづけられる。

＊人工知能：自分で学習して、自動的にかしこくなるコンピュータ。

17

いたみやすいイチゴをていねいに収穫
イチゴ収穫ロボット

ROBO データ

ロボつみ
[アイナックシステム]

開発国	日本
発売年	2023年
高さ	約144cm*
長さ（奥行）	86cm
幅	64cm
重さ	60kg

＊アーム（うで）をふくむ。

イチゴ収穫ロボットは、イチゴをいたまないようにつみとるロボットです。

このロボットは、アームの先についた2まいの刃でくきをはさみ、イチゴにはふれずにくきを切ります。そして、つみとったイチゴを大きさごとにわけて、かごに入れます。

イチゴの収穫は、農家にとって、ひとつひとつ手でていねいにつみとるたいへんな作業です。イチゴ収穫ロボットなら、夜ねているときやほかの作業をしているときでも、多くのイチゴを収穫できます。

このロボットがあれば…

こしを曲げるつみとり作業をしなくてもいいね。

アーム
アームが70cmの長さまでのびるので、遠くにあるイチゴもつみとれる。

フレーム
アームが上下に移動する。3mの高さでも作業できる。

カメラ
つみとる実をたしかめる。

収穫したイチゴは、このかごの中に入れられる。

刃
アームの先についている刃でイチゴのくきを切る。

これができるよ！

イチゴの色を、見わけられる

このロボットのAI（人工知能＊）は、イチゴの色を4段階で見わけることができます。どんな色のイチゴをつみとるのかを、作業の前にきめておくこともできます。

▲パソコンで、ロボットのカメラにうつる映像をたしかめながら作業できる。

これができるよ！

地面のロープを目印にして、ひとりで動く

ロボットは、カメラで地面の上にはられたロープをたしかめながら、ゆっくりとすすみます。わざわざ地面にロボット用のレールをしいたり、ワイヤーをはりめぐらせなくても、動くことができます。

▲地面にはられた黄色と黒色のロープにそってすすむ。

これができるよ！

すばやく動いてすばやくつみとる

イチゴをつむためのロボットのアームは、とてもかるくつくられているため、すばやく動きます。イチゴを見つけてからつみとるまで、1つぶあたり15〜30秒でできます。

▲左の写真は、アームがちぢんだようす。右の写真のように、長くのばすことができる。

＊人工知能：自分で学習して、自動的にかしこくなるコンピュータ。

園芸

ROBO データ

**自動移植
ロボット**
[京和グリーン]

開発国	日本
発売年	2018年
高さ	280cm
幅	160cm
奥行	331cm

やさいのなえをはやく正確に植えかえる
なえ植えかえロボット

なえ植えかえロボットは、トマトなどのプラグトレイ*で育ったなえを、ポット(なえ用の小さな入れもの)に植えかえてくれるロボットです。

なえの植えかえは、むずかしい作業ではありませんが、多くの人手と時間が必要で、とてもつかれるしごとです。

しかし、このロボットはアーム(うで)をすばやく動かしながら、正確に休むことなく、なえをポットに植えかえることができます。人はそばについていなくてもよいので、かわりにほかのしごとができます。

＊プラグトレイ：タネまきの機械が、タネをまくトレイ。

このロボットがあれば…

人がいなくても、やさいのなえを植えかえてくれるよ。

動くようすはここから↓

ハンド(手)とアーム
やさいのなえをハンドがやさしくつかみ、アームがすばやくはこんで植えかえる。

とびらセンサー
とびらをあけたことを感知して、アームの動きを止める。

何ができるよ！

きめられた場所にやさいのなえを すばやく植える

ロボットのハンドがやさいのなえをつかむと、アームがすばやく動いて、反対側にある大きなポットに植えかえます。人が作業すると、1時間に100本ほどの植えかえしかできませんが、このロボットは、1時間に1200本ものなえを植えかえることができます。

ロボットは、センサーで自分の動きを調節しながら、ポットのまん中のきめられた位置に、なえを正確に植えていきます。作業をまちがえて、なえが曲がったり、たおれたりする心配はありません。

▲ロボットのハンドが、プラグトレイのなえをいためないように、やさしくつかんではこぶ。

▲ハンドの先がポットの土にふかくささり、曲がらずしっかりとなえを植えることができる。

センサー

センサーがはたらいて 安全に作業する

ロボットが動いているときにとびらをあけると、アームにあたってきけんです。このロボットは、とびらのとっ手の近くにセンサーがあり、とびらをあけると自動的にアームの動きを止めてくれます。

▶とびらにはとっ手が6か所あり、そのすべてにセンサーがついている。

やさいもくだものも ロボットがつくる！

やさいやくだものを育てる工場を、植物工場とよびます。一部の植物工場では、人のかわりに、ロボットが水やりなどの作業をして、植物を育てたり、やさいのとりいれをおこなったりしています。

どんなしごとでもおまかせ

XV3 （HarvestX）

くだもののなえを植えた高いたなのあいだを、ロボットがいきいきしながら、自動でイチゴのお世話をします。作業するアーム（うで）の先につけるハンド（手）を交換すれば、花粉つけや実のつみとりなど、いろいろな細かい作業をおこなえます。また、なえの成長データをあつめることで、コンピュータがつみとれるイチゴの量を予想してくれます。

▲XV3には、植物の成長をかんさつしてデータをあつめるそうちや、作業をするアームがついていて、ひとりで作業をする。

動くようすはここから↓

▲わた毛のような道具の「ぼん天」をつかって、花に花粉をつける。花粉のついた花が実になる。

▼イチゴの写真をうつし、1本1本の状態や、つみとる時期をたしかめる。

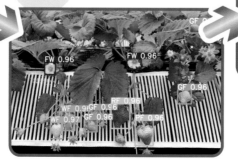

▲カッターがついた収穫用ハンドで、実のつみとり作業も自動でしてくれる。

ぜんぶ自動のやさい工場

植物工場システム

アグリネ（安川電機／FAMS）

アグリネは、やさいづくりを、すべて自動でおこなうやさい工場です。室内の温度やあたえる水の量、あてる光の明るさなどを自由にコントロールでき、天気を気にせず、一年中、よいやさいがつくれます。

タネをまいてから育てて収穫するまでの作業を、すべてロボットがやってくれるので、少ない人数でも、たくさんのやさいを育てることができます。

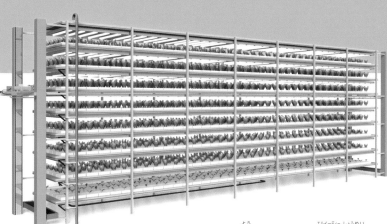

▲アグリネのさいばい用のたなには、LED照明や、養分が入った水が通る管がついている。

▶タネまき用のロボットが、ひとりで白いコマに1つぶずつタネをまく。そのコマをさいばい用のたなに入れる。

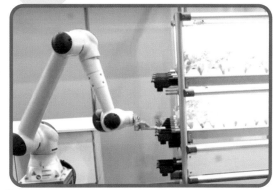

なえの成長にあわせて、毎日コマを動かす。成長したものは上のたなへうつし収穫をまつ。

動くようすはここから↓

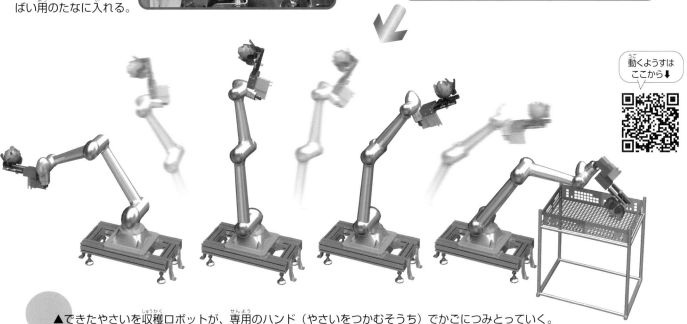

▲できたやさいを収穫ロボットが、専用のハンド（やさいをつかむそうち）でかごにつみとっていく。

ウシの乳をしぼって、自動で移動する
搾乳管理ロボット

ROBO データ

搾乳ユニット
自動搬送装置
キャリロボ

[オリオン機械]

開発国	日本
発売年	2003年
高さ	30cm
長さ（奥行）	25cm
幅	20cm
重さ	26kg

＊データはキャリロボ本体のもの。

このロボットがあれば…

乳をしぼる時間が半分くらいですむよ。

搾乳管理ロボットは、ウシの乳を自動でしぼり、しぼりおわると、つぎのウシのところへ自動で移動するロボットです。

牛舎での乳しぼりでは、人が乳をしぼる機械をウシのところにはこび、ウシの乳房に機械をとりつけておこないますが、この作業は体力が必要で、長い時間がかかります。

しかし、搾乳管理ロボットをつかえば、人が乳をしぼる機械をはこばなくていいだけでなく、みじかい時間で作業できるため、人もウシもつかれを感じなくてすみます。

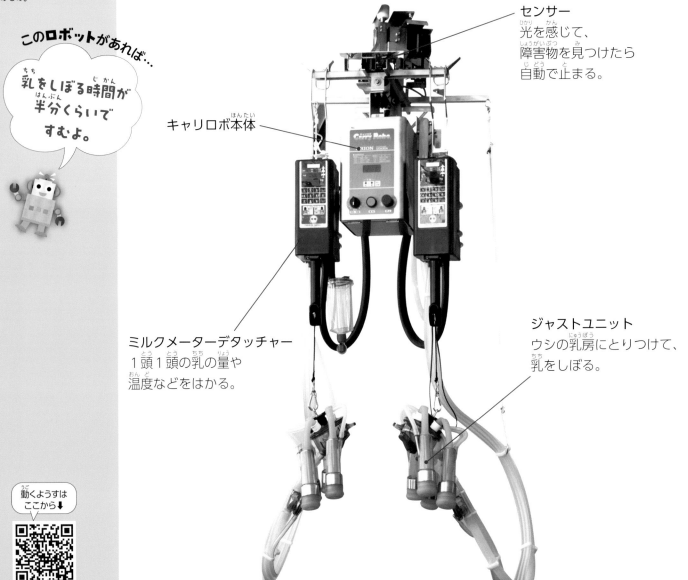

センサー
光を感じて、障害物を見つけたら自動で止まる。

キャリロボ本体

ミルクメーターデタッチャー
1頭1頭の乳の量や温度などをはかる。

ジャストユニット
ウシの乳房にとりつけて、乳をしぼる。

動くようすはここから↓

これができるよ!

乳をしぼったら、つぎのウシへ自動で動く

ロボットは、1頭のウシの乳をしぼりおわると、つぎのウシがいるところへ、レールをつかってひとりで移動します。人が重い乳しぼりの機械をはこばなくてもすむので、乳をしぼる作業がらくに、みじかい時間でおこなえます。

▶ロボットは牛舎の上にあるレールから、つりさがって動く。

▲乳をしぼるジャストユニットは、とてもかるくできている。

これができるよ!

しぼった乳の量や温度を、その場ではかれる

ウシがだす乳の量や温度などは、ミルクメーターデタッチャーで、すぐに見られます。そのデータはべつの場所のコンピュータに送られて、細かく管理されます。ウシの健康のために、乳をしぼらないほうがいいときは、ロボットのランプが赤く光ります。また、子どもが生まれる時期が近づいたときにも、ランプで知らせてくれます。

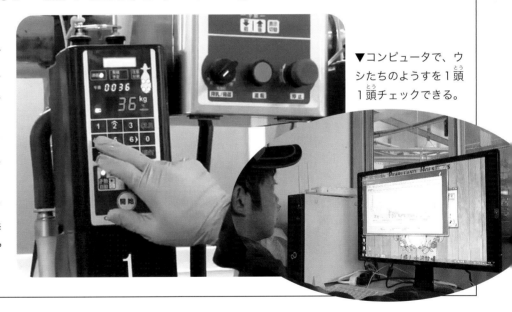

▼コンピュータで、ウシたちのようすを1頭1頭チェックできる。

● そのほかのロボット えさの量を調節する「MAXフィーダー」

ウシにあたえるえさの量を自動的に調節するロボット「MAXフィーダー」をミルクメーターデタッチャー、ウシの状態を管理するアプリと組みあわせることで、ウシの体調にあわせた、ちょうどよい量のえさをあたえることができます。

ROBO データ

エディ
[イー・バレイ]

開発国	日本
発売年	2022年
高さ	70cm
幅	約56cm
重さ	約11kg

よぶんな木の枝を自動で切りおとす
枝打ちロボット

木は、よぶんな枝を切ることで、しつのよい木に育ちます。枝打ちロボットは、自分で木をのぼりながら、自動で枝を切っていくロボットです。

枝を切る作業は、木の高いところまでのぼらなくてはいけません。ときには木からおちたり、まちがってのこぎりで自分を切ってしまうこともあるたいへんな作業です。

この枝打ちロボットは、人にかわって、すばやく安全に、よぶんな枝を切ってくれます。

このロボットがあれば…

少ない人数で安全に木の枝を切れるよ。

▶のこぎりの部分をたおすことで、せおってはこぶことができる。

のこぎり
電気で動いて枝を切る。

この部分で木をはさむ。

車輪
向きをかえることで、木のみきのまわりを自由に動きまわることができる。

動くようすはここから↓

26

これができるよ！

太い木も細い木も すいすいのぼる

枝打ちロボットは、みきの太さが5〜18cmの木で作業をすることができます。1本の木のとちゅうで太さがかわっても、木をはさむ力を自分で調節しながら、まっすぐのぼります。

▲木のみきのでこぼこも、車輪の向きをかえながらのぼっていく。

これができるよ！

木をのぼりながら 自動で枝打ち

枝がある場所まで行くと、みきのまわりをまわりながら、のこぎりで枝をおとしていきます。みきの太さやかたさによって、動くスピードをかえることができます。2〜3分で、1本の木の枝打ちがおわります。

▲1本の木の枝を切りおえると、自分でおりてくる。

これはすごい！ 作業の記録がたしかめられる！

GPS*をつかって、枝を切った木の場所や種類、切った時刻を記録することができます。いつ、どの木の枝を切ったのか、あとからかんたんにたしかめることができます。

*GPS：宇宙にうかぶ人工衛星をつかって、場所を知る機能。

▶パソコンで作業の記録がわかる。

ROBO データ

ハーベスター
951
［コマツ］

開発国	日本
発売年	2015年
高さ	約400cm
長さ	約829cm
幅	306cm

木を、安全にすばやく丸太にする
木材伐採ロボット

木材伐採ロボットは、家や家具などをつくるために木を切って丸太にするロボットです。

丸太は、人里はなれた山や森の中で大きな木を切って、その場で枝をおとして、長さを切りそろえてつくられます。丸太づくりを人の手ですると、手間がかかるだけでなく、のこぎりで体を切ったり、木がたおれてきてけがをしたりすることもあり、きけんがともないます。木材伐採ロボットをつかえば、太い木でも、みじかい時間で安全に丸太にしてくれます。

このロボットがあれば…

少ない人数で安全に丸太がつくれるよ。

アーム（うで）
のばすことで、遠いところにある木にもとどく。

運転席
360度回転するため、作業がしやすい。

動くようすは
ここから↓

ハーベスターヘッド
木をはさんだり、切ったりする機械。

タイヤ
6輪と8輪のタイプがある。幅が60cmあり、右のタイヤと左のタイヤはべつべつに動く。

なにができるよ！

生えている木をつかんで切り、いっきに丸太にする！

木を切り、枝をおとして、はこびだす長さに切りそろえるまでの作業を、このロボット1台で連続でこなします。ハーベスターヘッドにはのこぎりがついていて、根もとをしっかりつかんで木を切ります。そのままよこにたおしてもち、枝をおとしながら同じ長さに切りわけます。

20mの木を8mの丸太にするには……

① 20mの木のみきをつかんで根もとで切る。

② 木をつかんだまま、枝をおとして、8mの長さで木を切る。

8mの丸太1本目！

③ つづけてのこりの部分も、枝をおとして8mの丸太にする。

8mの丸太2本目！

④ 木ののこりの長さが8mないときは、枝だけおとしておわる。

これができるよ！

切る長さをかえるのもモニターでできる

運転席のモニター画面で、木を切る長さや、木をつかむ強さなどをえらべます。切った丸太の太さなどのデータものこすことができます。

▲モニターで確認しながら、スティックでハーベスターヘッドを動かす。

これはすごい！ どんなところもへっちゃら

右がわと左がわのタイヤが、それぞれべつべつに動くため、でこぼこした場所やかたむいた場所などが多い山の中を、しっかりと走ることができます。

▲キャタピラをとりつけると、さらにけわしい場所で作業できる。

ROBO データ

イカ釣り機
GT-1
[東和電機製作所]

開発国	日本
発売年	2021年
高さ	約61cm
長さ	53cm
幅	156cm
重さ	82kg

海の中からイカをつりあげる
イカつりロボット

イカつりロボットは、イカを自動でつりあげてくれるロボットです。夜に、ゆれる船の上でおこなうイカつりは、船からおちるきけんがあるしごとで、体力もいります。また、たくさんつるには、技術も必要です。

このロボットを船につければ、人は安全なところで作業ができます。さらに、ベテランの漁師と同じようなわざをつかうので、イカつりになれていない人でも、イカをつることができます。

このロボットがあれば…

安全に
イカがたくさん
つれるよ。

本体の中には、ドラムを動かすモーターや、ロボットをコントロールするコンピュータなどが入っている。

ドラム
つり糸を海の中にたらしたり、
まきとったりする。

動くようすは
ここから↓

これができるよ！

つりのわざの「しゃくり」がつかえる

漁師がイカをつるとき、さおを上下に動かして、はりのついたにせもののエサをおどらせ、イカをさそわなければなりません。これは「しゃくり」という、つりのわざです。このロボットは、どんなときでもしゃくりをじょうずにつかって、イカをたくさんつることができます。

▶海の中で、にせもののエサを上にあげる動きをくりかえして、イカが食べたくなるようにさそう「しゃくり」。

さおのしゃくりの動き　　ロボットのしゃくりの動き

ふつう、しゃくりは、さおを上下に動かす動きをするが、ロボットは、はりにかかっているイカがはずれないように、上にあげる動きだけをする。

これができるよ！

船がゆれてもイカをにがさない

イカをつっているときに船が波でゆれると、つり糸がゆるんでイカがにげてしまいます。コンピュータが船のゆれを感じると、自動的につり糸のたるみを調節するドラムが、まわるはやさをコントロールして、イカがはりからはずれないようにします。

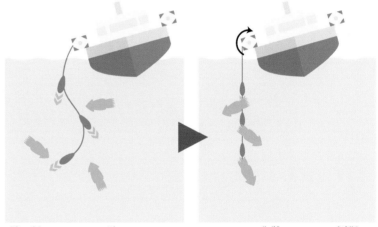

船が波でゆれ、つり糸がたるむと、イカがにげる。

ロボットが自動でたるみを調節して、イカがにげるのをふせぐ。

これはすごい！

ひとりでたくさんのロボットをそうさできる

最大で64台のロボットを、ひとりで動かすことができます。

イカは自動でつぎつぎとつりあげられるので、ほかの漁師たちは、イカをはこにつめる作業に集中できます。

◀▲ロボットをそうさする漁師（上）と、ロボットがつったイカを大きさでわけて、はこにつめる漁師（左）。

力強くおよぐカツオをつりあげる

カツオ一本づりロボット

**かつお
一本釣り機**

[水産研究・教育機構

開発調査センター／

ユニマック]

開発国	日本
発売年	2025年（予定）
高さ	34cm
長さ	70cm
幅	61cm
重さ	約70kg

カツオ一本づりとは、漁師が長いつりざおで、カツオを1ぴきずつつりあげるつりかたです。うまくつるには、むずかしいわざが必要です。このロボットは、経験をつんだ漁師のかわりに、カツオをつりあげてくれます。

さおをさすケース

カツオがはりにかかったことを感じるセンサーや、モーターなどが入っている。

このロボットがあれば…

漁師に
かわって、
カツオをつって
くれるよ！

▲ロボットが8kg前後のカツオをらくらくとつりあげているようす。

なにができるの？

これができるよ！

ベテラン漁師と同じわざを
つかってつりあげる！

ロボットは、前にかたむいてはりを海におとし、カツオがかかったらうしろ向きに動いてつりあげます。

右の図のように、①➡②➡③➡④➡⑤➡⑥と、むだのない動きをくりかえしながら、カツオをつりつづけます。はりは、カツオを船につりあげると、自然にははずれる形になっています。

動くようすはここから↓

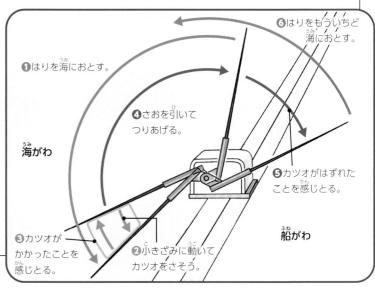

①はりを海におとす。

⑥はりをもういちど海におとす。

④さおを引いてつりあげる。

海がわ

⑤カツオがはずれたことを感じとる。

③カツオがかかったことを感じとる。

②小きざみに動いてカツオをさそう。

船がわ

ROBO データ

モグール
[JOHNAN]
ジョウナン

開発国	中国
発売年	2020年*
高さ	約57cm
長さ	107cm
幅	72cm
重さ	120kg

＊日本での発売年。

このロボットがあれば…

海の中
だけじゃなく、
ダムの点検も
できるよ！

海にもぐって中のようすをたしかめる
漁場点検ロボット

魚がすみやすくなるように海にしずめたコンクリートブロックや、魚を育てるためのようしょくあみの点検は、人が海にもぐっておこないます。これはあぶないだけでなく、手間がかかる作業です。漁場点検ロボットは、人のかわりに海の中を動きまわって、漁場をくわしくしらべてくれます。

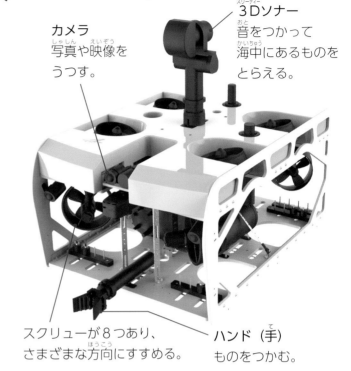

カメラ
写真や映像をうつす。

3Dソナー
音をつかって海中にあるものをとらえる。

スクリューが8つあり、さまざまな方向にすすめる。

ハンド（手）
ものをつかむ。

なにができるの？

これができるよ！

生きものなどをとる

ハンドをつかって、海にすむ生きものや、あみの中で死んだ魚などをとることができます。

▲ハンドは、船の中からそうさする。

これができるよ！

海の中をカメラでうつす

海の中で、魚などの写真や映像をうつします。3Dソナーからでる音をつかって、まわりの海底の地形のようすも、しらべられます。

▲カメラでうつした写真や映像は、船の中で見ることができる。

動くようすはここから↓

ようしょくあみのよごれをとりのぞく
水中あみ洗浄ロボット

ROBO データ

せんすいくん

[ヤンマー
舶用システム]

開発国	日本
発売年	2000年＊
高さ	約90cm
長さ	約103cm
幅	66cm
重さ	約175kg

＊シリーズの発売開始年。

水中あみ洗浄ロボットは、海の中で魚を育てる「ようしょく」につかうあみを、海の中に入れたままそうじしてくれるロボットです。

あみは、魚が食べのこしたえさなどで、すぐによごれてしまいます。

でも、人が海にもぐって、あみのそうじをするのは、とてもたいへんです。このロボットは、あみの上をひとりで動き、よごれをぜんぶとりのぞいてくれるので、人は海にもぐらなくてもよくなります。

このロボットがあれば…

人が海にもぐらずそうじできる。

動くようすはここから↓

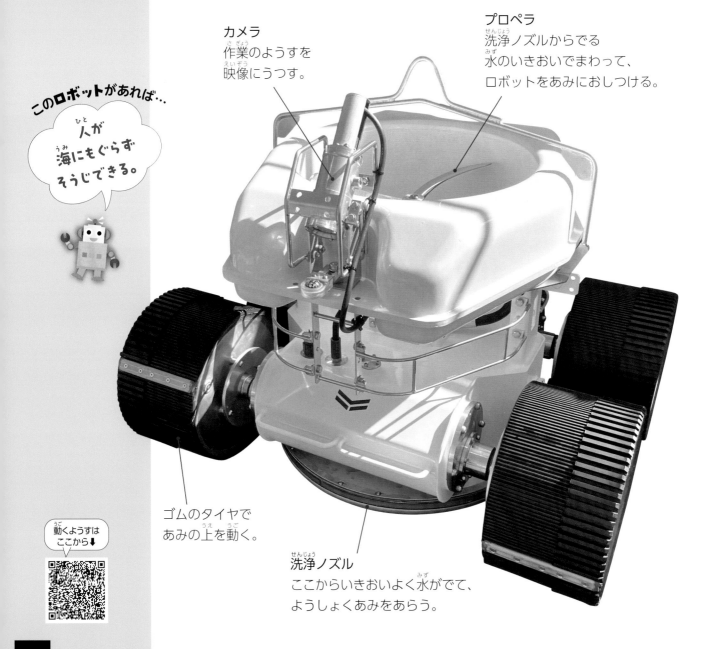

カメラ
作業のようすを映像にうつす。

プロペラ
洗浄ノズルからでる水のいきおいでまわって、ロボットをあみにおしつける。

ゴムのタイヤであみの上を動く。

洗浄ノズル
ここからいきおいよく水がでて、ようしょくあみをあらう。

よごれた あみの上を 走りながら そうじする

ようしょくのあみによごれや貝がつくと、魚は病気になったり、体がきずついたりします。このロボットは、プロペラの力であみの上にピタッとくっついて走りながら、そうじします。中にいる魚は入れたままで、あみのそうじができます。

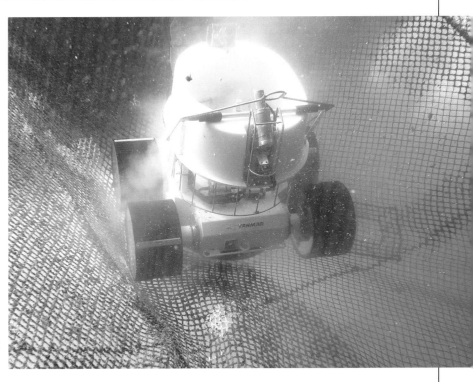

▶ロボットはあみの上を自由に走りながらあらっていく。

はなれた場所でも 水中のようすが わかる

ロボットは、はなれた場所から、リモコンボックスのレバーをそうさして動かします。水中のあみの中のようすは、モニターで映像を見ることができます。

▲ロボットを動かすレバーと、あみのようすをチェックするモニター。

これはすごい！ 強力なポンプから送られる水であみのよごれをおとす

あみのよごれは、いきおいよく水をふきつけておとします。その水は、船の上にある高圧水ポンプからホースを通してロボットに送られています。

▲あらったあとのあみ（左）とあらう前のあみ（右）。あらったあとは、よごれがきれいにおちているのがわかる。

建設現場のロボットたち

建設現場は、あつかうものが大きく、きけんなしごとが多いため、人のかわりにロボットに作業してもらおうと、ロボットの開発がすすめられています。どんなロボットがいるのでしょうか？　建設現場のロボットについて見てみましょう。

なかなかすすまなかった開発

建設現場のロボットは、2000年くらいまで、建設会社がそれぞれロボットを開発していましたが、なかなか実用化しませんでした。

工場内のロボットとちがい、建設現場のロボットは、いろいろな現場で鉄骨を組みたてたり、かべをつくったりと、さまざまなしごとをします。しかも、いろいろな人がつかうので、そうさがかんたんでだれでもつかえるものがもとめられます。これは、ロボット技術が十分に発達していない時代には、とてもむずかしいことでした。

いろいろな会社が力をあわせて研究！

その後、大きな建設会社どうしが、お金や研究技術をだしあって、みんなでつかえるロボットの研究をすすめました。その結果、なかなかすすまなかった開発がすすみはじめました。現場ではたらく人たちも、多くの場所で同じロボットがつかわれたほうが、同じそうさができるので、たすかります。

そして、ロボットの技術も発達し、建設現場にロボットが登場しはじめたのです。

建設サポートロボットいろいろ！

必要なものを現場まではこんでくれたり、最後に現場をかたづけてくれたり、人をサポートしてくれるロボットたちが登場！

ヒッポ 長谷工コーポレーション

マンションの建設現場をそうじしてくれるロボット。

かもーん 竹中工務店

人やものをわからせると、そのあとに自動でついていく台車ロボット。

▲人が1台ずつおしていた、にもつをはこぶ台車も、かもーんなら数台つながって、自動で動いてはこんでくれる。

T-iROBO Cleaner 大成建設

建設現場の作業がおわったあと、自動でそうじしてくれるロボット。

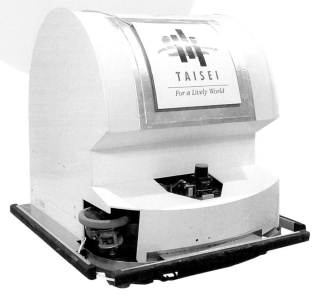

期待される建設現場のロボット

建設のしごとは、これから、はたらく人がたりなくなると心配されています。建設現場のロボットは、人がはたらきやすいしごと場をつくってくれるだけでなく、人のかわりにたいへんなしごとや、きけんなしごとを手伝い、現場をたすけてくれると期待されています。

時間がかかる作業をかわってくれる
鉄筋結束ロボット

ROBO データ

トモロボ
[建ロボテック]

開発国	日本
発売年	2020年
高さ	60cm
長さ	69cm
幅	63～93cm
重さ	約39kg

建物をつくるときには、まず、かべやゆかになる部分に、鉄筋（鉄の棒）をたてとよこにたくさんならべます。そして、その鉄筋どうしを細い針金でむすびます。これを「鉄筋結束作業」といいます。たんじゅんな作業ですが、じょうぶな建物をつくるためにはかかせない、多くの人手と時間が必要な作業です。

鉄筋結束ロボットは、人のかわりに休みなく、しかも正確にこの作業をしてくれるので、はたらく人はそのあいだ、ほかのしごとをすることができます。

このロボットがあれば…

人のかわりに、同じ作業をつづけてやってくれるよ！

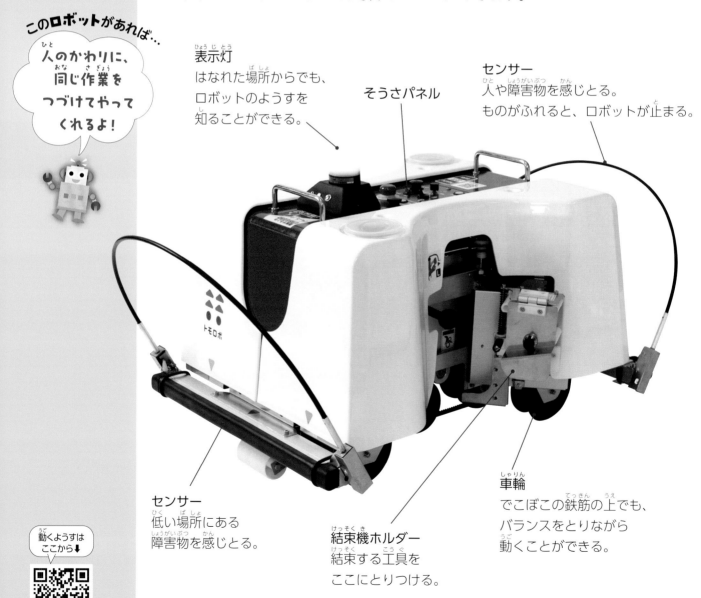

表示灯
はなれた場所からでも、ロボットのようすを知ることができる。

そうさパネル

センサー
人や障害物を感じとる。ものがふれると、ロボットが止まる。

センサー
低い場所にある障害物を感じとる。

結束機ホルダー
結束する工具をここにとりつける。

車輪
でこぼこの鉄筋の上でも、バランスをとりながら動くことができる。

動くようすはここから↓

これができるよ！

すばやく 鉄筋をむすぶ

ロボットが、鉄筋のまじわる1か所をむすぶのに、かかる時間は2秒以下です。8時間はたらくと、なれた人の約1.3倍にあたる約1万1000か所を結束することができます。

▲センサーで人が近くにいることがわかると、ロボットは止まってくれるので、安心していっしょに作業ができる。

これができるよ！

結束する位置を自分で見つける

ちがうかんかくで鉄筋がならんでいても、センサーをつかってまじわる位置を自分で見つけます。鉄筋の高さがずれていたり、かたむいていたりしても、センサーで感じとり、正確に作業してくれます。

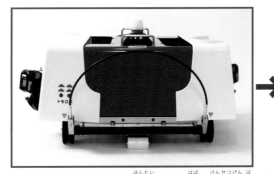

▲本体のよこ幅を建設現場にあわせて調整することができ、鉄筋かんかくがちがっていても作業できる。

▼動きながら、センサーで幅のちがいを感じとり、結束の位置を見つける。

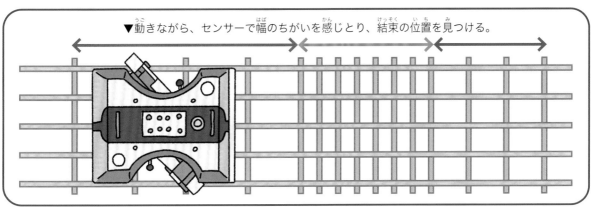

はなれた場所から安全に動かせる

タワークレーンそうさロボット

ROBOデータ

タワリモ
[竹中工務店／
鹿島建設／
アクティオ]

開発国	日本
発売年	2021年
高さ	約180cm
幅	約100cm

＊大きさは専用コックピットの数値。

建物をつくるための、ビルよりも高いタワークレーンを、遠くはなれた地上から動かすためのロボットです。タワークレーンのそうじゅう席は、とても高い場所にあります。ときには、50mの高さを、はしごで30分かけてのぼりおりすることもあります。

しかも、1回のぼるとなかなかおりることができず、長い時間つづけてはたらかなければなりません。

このロボットをつかえば、わざわざそうじゅう席までのぼらなくても、タワークレーンを動かせるので、いままでよりもはたらきやすくなります。

このロボットがあれば…

安全な地上からタワークレーンを動かすことができる。

専用コックピット

スピーカー
現場の音を
聞くことができる。

そうじゅうレバー
前後左右に動かして、
クレーンを動かす。

これができるよ！

どんな場所からでも タワークレーンを動かせる

このロボットとタワークレーンは、スマートフォンなどの携帯電話でつかわれている無線通信と、専用の無線通信をつかって、情報をやりとりしています。

そのため、このロボットのシステムをつかえるようになっているタワークレーンなら、数十km、数百kmはなれた場所からでも動かすことができるのです。

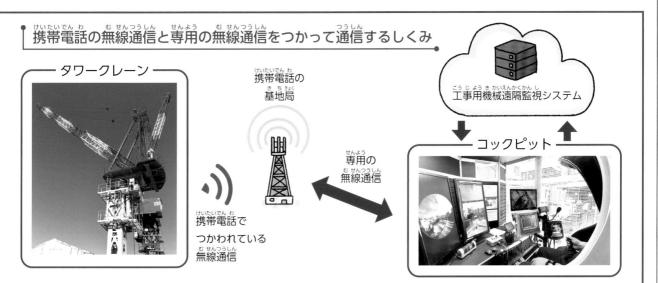

● 携帯電話の無線通信と専用の無線通信をつかって通信するしくみ

タワークレーン

携帯電話の基地局

工事用機械遠隔監視システム

携帯電話でつかわれている無線通信

専用の無線通信

コックピット

これができるよ！

たくさんのモニターで まわりをたしかめる

そうじゅう席のまわりには、たくさんのモニターがおかれています。このモニターには、さまざまな建設現場のようすが同時にうつしだされるため、まるで現場にいるような感じでタワークレーンを動かせます。

▲たくさんならんでいるモニター。

これはすごい！
タワークレーンの ゆれも再現

現場で感じるゆれやかたむきなども再現してくれるので、実際のタワークレーンのそうじゅう席と、同じような感じで作業ができます。

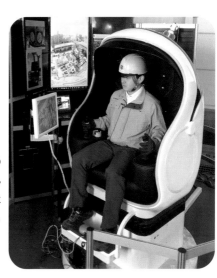
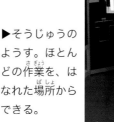

▶そうじゅうのようす。ほとんどの作業を、はなれた場所からできる。

ROBO データ

T-DriveX

[ラピュタロボティクス／
住友ナコフォークリフト
／大成建設]

開発国	日本
開発年	2023年
高さ	133cm
長さ	約237cm
幅	約80cm
重さ	約1200kg

はこぶにもつを見わけて、自動で整理
自律走行搬送システムロボット

　自律走行搬送システムロボットは、重いにもつをひとりではこんで、整理してくれるロボットです。

　建設業でつかう材料は、重くて大きいものが多いため、人がはこぶのはとてもたいへんです。そのためフォークリフトをつかいますが、運転するには資格が必要です。

　このロボットは、どんなときでも、カメラでにもつの種類やまわりのようすをたしかめて、みじかい時間で、人が指示した場所まで、安全ににもつをはこんでくれるので、たいへんな作業がとてもらくになります。

このロボットがあれば…
人が
はたらかない
夜中でも、にもつを
かたづけることが
できるよ！

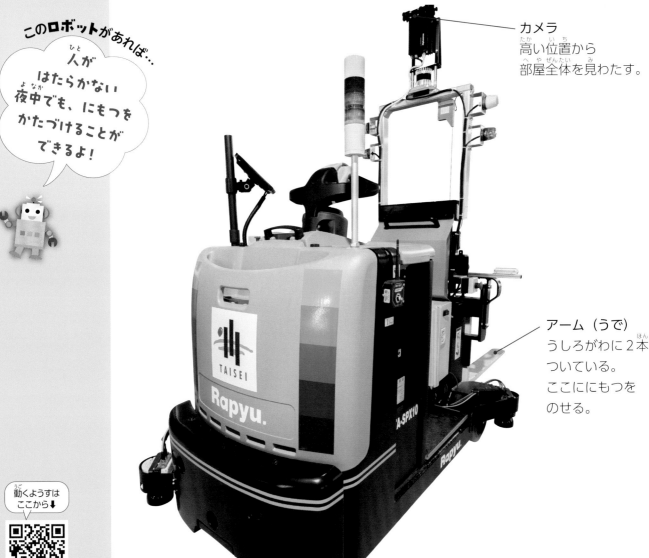

カメラ
高い位置から
部屋全体を見わたす。

アーム（うで）
うしろがわに2本
ついている。
ここににもつを
のせる。

動くようすは
ここから↓

これができるよ！

ちらかっているにもつを ひとりでかたづける

ロボットに、建設業でつかう材料などのにもつの形を、おぼえさせておきます。そうすると、ばらばらにおかれていても、ロボットがカメラで形をとらえ、きめられたところに、ひとりで種類ごとにわけながら、かたづけます。

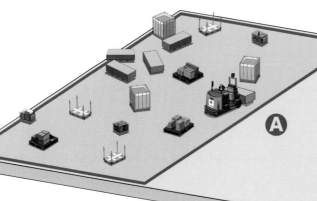

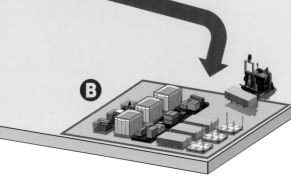

▲**A**の場所でちらかっているにもつを、**B**の場所に種類ごとに整理することができる。

これができるよ！

重いにもつでも じょうずにはこぶ

ロボットは、重さ900kgまでのにもつをアームにのせてはこべます。カメラでにもつをうつすと、ロボットがにもつのまん中をとらえます。そして、アームをさしこむ位置を、バランスをくずさないよう、ひとりで調整してはこびます。

▲台車をはこぶときは、台車のタイヤの位置から向きをたしかめ、アームをさしこむところをひとりで調整する。

これはすごい！

障害物を自分でよけて動く

このロボットは、きめられた道すじをすすむのではなく、カメラでまわりのようすを見ながら、現場におかれているものにぶつからないように、自分で道すじをえらんで走ることができます。

▲カメラで障害物の大きさや、きょりをとらえているので、自動でよけることができる。

ROBO データ

零式人機
ver. 2.0
[人機一体]

開発国	日本
開発年	2022年
高さ	約82cm*
うでの長さ	約140cm
かたの幅	120cm

＊クレーン部分はのぞく。

高くてあぶないところで作業をおこなう
高所点検作業ロボット

　高所点検作業ロボットは、重いものを高い場所までもちあげたり、人のかわりに高いところで作業をしたりするロボットです。

　このロボットをクレーンなどの先にとりつければ高いところまでかんたんにとどきます。ロボットはそうじゅう席から動かすので、電線の点検やそうじなどが、感電や落下のきけんもなく、安全にできます。

このロボットがあれば…

きけんな作業も
安全にできるよ。

カメラ
このカメラで
うつされた
映像を見ながら
ロボットを動かす。

首
ロボットを動かす人の
動きにあわせて動く。

アーム（うで）
両うでを広げると
3.8mになる。

そうじゅう席

ハンド（手）
はさんでいろいろな
ものがもてる。

動くようすは
ここから⬇

写真：JR西日本

なにができるの？

これができるよ！

重いものを もちあげる ことができる

ロボットは、かたうでで約20kg、両うでで約40kgのものをもちあげることができるため、人の力でもちあげるにはたいへんな、重い鉄骨をもちあげたり、鉄パイプなども動かしたりすることができます。

▶アームの先のハンドで、鉄骨をはさんでもちあげる。

これができるよ！

人が作業するように うでと手を動かせる

うでにあるすべての関節には、とくべつなセンサーがとりつけられています。そうさする人がレバーを動かすだけで、コンピュータが関節の力を計算して、力の入れかたを自動的に調節してくれます。そのため、人と同じように、作業にあわせて、きめこまかな動きをすることができます。

▼電線の部品がこわれていないか点検することもできる。

写真：JR西日本

これはすごい！

まるで自分が 作業しているよう

ロボットをそうさする人は、ゴーグルをつけて、そうさレバーでそうさをします。ゴーグルには、ロボットが見ている映像がうつるため、より正確に作業ができます。また、ロボットがつかんだものの重みや動きが、レバーからそうさしている人のうでにつたわるため、まるで自分がロボットになったかのような感覚で作業することができます。

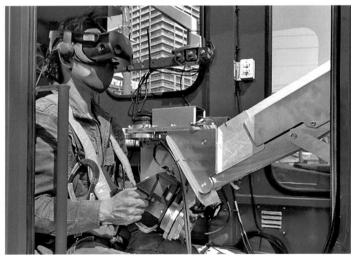

▲そうさになれていない人でも、かんたんにロボットを動かすことができる。

写真：JR西日本

45

あとがき

そとでしごとをし、生活をささえていくロボット

　この巻では、農業、林業、水産業、建設業でかつやくするロボットをしょうかいしました。これらのロボットのうち、建設業の現場では、コンクリートのかけらがちらばるゆかのそうじや、重い建設資材を現場まではこぶしごとで、ロボットが役だつようになりつつあります。さらに、農家のしごとがらくになるよう、田んぼの水の管理やあぜ道の草かりをしたり、漁師さんがほかの作業ができるよう、つりをしてくれたりするロボットも期待されています。

　農業や林業、水産業、建設業のような、そとでおこなわれるしごとでは、あつかったり、さむかったり、体がつかれる作業や、きけんな作業がたくさんあります。そのような作業をロボットがかわりにすることで、これらのしごとは、いままでよりらくにできるようになるでしょう。つくったりとったりした、やさいや魚を売るというような、これまでできなかったことも、はじめることができるようになります。また、やってみたいと思う若い人もふえ、しごとを楽しみながらできるようになるはずです。

　みなさんも農業、林業、水産業、建設業でロボットがかつやくすることで、どんな未来がやってくるか、自分のこととして考えてください。

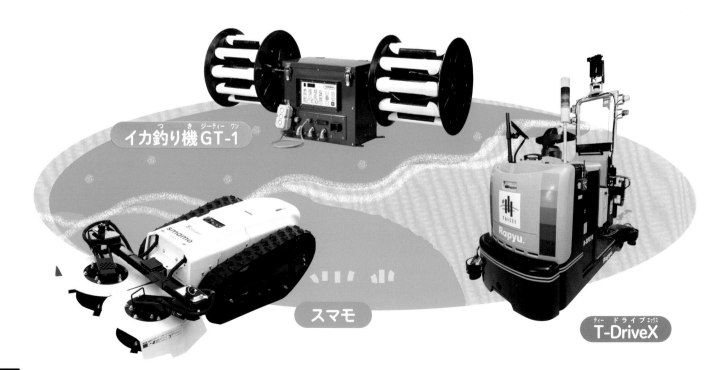

イカ釣り機GT-1

スマモ

T-DriveX

ロボットのことが くわしくわかるしせつ

インターネットをつかって体験できるしせつもあるよ!

食と農の科学館

日本の農業と食にかんするあたらしい研究成果や技術を、パネルなどで説明しています。植物工場の模型も展示しています。

〒305-8517 茨城県つくば市観音台3-1-1

林業機械ミュージアム

最近、日本の林業で導入がすすめられている、高性能のロボットたちを、インターネットでしょうかいしています。

はこだてみらい館

最先端の科学で、おどろきの体験ができるしせつです。巨大な画面には、海の生きものと大きさくらべ、イカのむれ、米づくりなどの映像がながれます。

〒040-0063 北海道函館市若松町20-1
キラリス函館 3 階

建設技術展示館

最新の建設技術やとりくみを、パネルや映像、模型などで展示しています。

〒270-2218 千葉県松戸市五香西6-12-1

ロボットさくいん

●監修　**佐藤知正**（さとう ともまさ）

東京大学名誉教授。1976年東京大学大学院工学系研究科産業機械工学博士課程修了。工学博士。研究領域は、知的遠隔作業ロボット、環境型ロボット、ロボットの社会実装（ロボット教育、ロボットによる街づくり）。これまでに日本ロボット学会会長を務めるなど、長年にわたりロボット関連活動に携わる。

●協力　　　**青山由紀**（筑波大学附属小学校）

●編集・制作　**株式会社アルバ**　　　●デザイン　**門司美恵子**（チャダル108）

●執筆協力　**山内ススム**　　　　　　●DTP　　　**関口栄子**（Studio porto）

●イラスト　**オオイシチエ**（p4～7）、**小坂タイチ**　　●校正　**株式会社ぷれす**

●資料協力　**株式会社MOGITATe・北河博康**

●写真・資料協力（敬称略）

井関農機、笑農和、有機米デザイン、東京農工大学、TDK、ササキコーポレーション、アグリスト、アイナックシステム、京和グリーン、HarvestX、安川電機、FAMS、オリオン機械 、イー・バレイ、コマツ、東和電機製作所、水産研究・教育機構 開発調査センター、ユニマック、JOHNAN、ヤンマー舶用システム、長谷工コーポレーション、竹中工務店、大成建設、建ロボテック、鹿島建設、アクティオ、ラピュタロボティクス、住友ナコフォークリフト、人機一体、西日本旅客鉄道

ロボット大図鑑（だいずかん）　どんなときにたすけてくれるかな？④ そとでしごとをするロボット

発　行　2024年4月　第1刷　2024年12月　第2刷

監　修　佐藤知正
発行者　加藤裕樹
編　集　崎山貴弘
発行所　株式会社ポプラ社
　　　　〒141-8210　東京都品川区西五反田3-5-8　JR目黒MARCビル12階
　　　　ホームページ　www.poplar.co.jp（ポプラ社）
　　　　　　　　　　　kodomottolab.poplar.co.jp（こどもっとラボ）
印　刷　大日本印刷株式会社
製　本　株式会社ブックアート
©POPLAR Publishing Co.,Ltd. 2024　Printed in Japan
ISBN978-4-591-18083-9/N.D.C.548/47P/29cm

あそびをもっと、
まなびをもっと、

こどもっとラボ

P7247004

ROBOT

ロボット大図鑑

どんなときにたすけてくれるかな？

監修：佐藤知正（東京大学名誉教授）

全5巻
N.D.C.548

- 小学校低学年以上向き
- A4 変型判
- 各 47 ページ　■オールカラー
- 図書館用特別堅牢製本図書

ポプラ社はチャイルドラインを応援しています

18さいまでの子どもがかけるでんわ
チャイルドライン®
0120-99-7777
毎日午後4時〜午後9時 ※12/29〜1/3はお休み

チャット相談はこちらから

電話代はかかりません 携帯（スマホ）OK

● 自分や友だちや家族が、なにかこまっていることはないかな？ こまりごとをかいけつしてくれるロボットを考えてみよう。

● 「こんなロボットがあったら楽しそう！」というロボットを考えてみてもいいよ。

● このロボットがあれば、
（どんなときに、なにができるかな？）

おじいちゃんがひまなとき、いっしょに話したり、たいそうをしたり、うたをうたったりすることが、できます。

あなたはしょうらい、どんなロボットがあったらいいと思いますか？
（あなたが、あったらいいなと思うロボットを考えて、書いてみましょう）

ほうかごのサッカーで、いっしょにサッカーをしてくれるロボットがあったらいいと思います。人数がたりなくて、サッカーのしあいができないとき、このロボットがあれば、いつでも人数がそろって、しあいができるからです。

ロボットが、どんな場面で、なにをしてかつやくするか書こう。

たとえば

● ひとりでるすばんをしているときに、話しあいてになること

● 道にまよったときに、案内をしてくれること

● 配達をする人がたりないときに、かわりににもつをとどけてくれること

など。

すきなロボットについて
しょうかい文を書いたら、
友だちと説明しあおう。